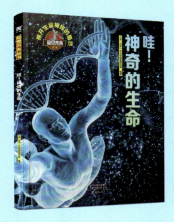

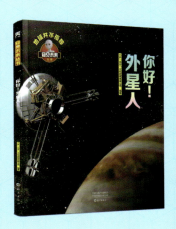

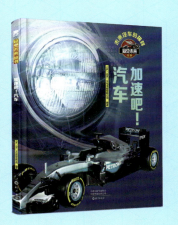

未完待续……

窥见未来
丛书

小多（北京）文化传媒有限公司 编著

你好！外星人

中原出版传媒集团
中原传媒股份公司

海燕出版社

可能存在生命的星球 □

宇宙中的生命 □

科学实践 □

为了离开地球

黑洞旁边有高速运转的吸积盘，
有一些行星也可以绕黑洞运□

在不远的未来，地球自然环境渐渐恶化，沙尘暴铺天盖地，全球的农作物都因遭受枯萎病而死亡，没有了光合作用，空气中的氧气越来越少，人类面临着无法生存的威胁。这个时候，我们应该怎么办？

好莱坞电影《星际穿越》里，就出现了这样的场景：在未来，气候巨变，人类已经无法在沙尘暴肆虐的地球上继续生存。这部电影里给出了一种解决方案——我们不是要拯救这个世界，而是要离开它。所以，电影里出现了一个太空移民计划，我们要寻找适合人类居住的星球，然后搬到那里去生活。

探险队出发

在电影中，科学家们在太阳系中的土星附近发现了一个虫洞（理论物理学认为可以穿越到另外一个星际空间的"隧道"），通过它可以打破人类的能力限制，到遥远的外太空寻找延续生命的机会。前 NASA（美国国家航空航天局）飞行员库珀接受了这项重要任务，和艾米莉亚组成了探险队出发去寻找移民地。

他们来到黑洞旁边，降落在绕着黑洞运动的第一颗行星上，并遇到了如山峰般的滔天巨浪。"海浪"行星距离黑洞很近，以致出现了强烈的时间稀释，即"海浪"行星上一小时等于地球上的七年——特别像中国的古代传说"天上一天，地上一年"。在海水里，他们找到了很多年前在此登陆的飞行器的残骸和资料（按这个星球的时间推算，坠毁事件只是发生在几个小时之前），并在滔天巨浪到来前，绝处逃生。

电影中的"海浪"行星

绝地逢生

发现这颗行星不适合人类居住后，他们来到了第二颗行星。第二颗行星上面全部被冰雪覆盖，极其寒冷，也不适合人类居住。之后，库珀为了让艾米莉亚能有足够的燃料抵达第三颗行星，牺牲自己，坠入了黑洞。这个时候神奇的事情发生了，被吸入黑洞的库珀发现自己身处奇异的多维世界，他甚至可以改变一部分的空间与时间，和他地球上的女儿墨菲"灵异相通"。库珀把重要的资料传输给了女儿，女儿得到数据后，解决了困难，建造了库珀空间站，拯救了人类。

当库珀回到空间站时，发现因为时间扭曲，女儿已经是个子孙满堂的老人了。最后，库珀驾驶飞船去寻找艾米莉亚，而艾米莉亚正在遥远的星球上等待着他。

虽然，在这部电影中，出现了很多科学概念，但不难理解的是，地球的生存环境会越来越差，而外太空则可能存在着适合人类生存的行星。无论这样的事情多么遥远，对此的探索永远都不会太早。而现在我们能够做、也是第一步要做的，就是找到生命可能生存的星球。

寻找另一个家园

宇宙中的地外生命会是什么样子的呢？你把他们想象成什么样子都不为过！你甚至可以猜测他们像天神一样高大，也可以认为他们是无形的，根本就是一种能量。但是科学是需要实证的，科学家根据目前掌握的资料认为，按照我们地球生命的样子来推测地外生命是最实际的。

那么，这样的生命能依托在什么地方而存在呢？最直接的推理应该是：一个像地球一样具有岩石外壳的固体行星。于是，在太空中寻找生命的第一步就是寻找地球式的行星。

我们要以地球为蓝本，找到地球的兄弟姐妹。在 2009 年以前，已经有 1000 多颗太阳系外行星注册在案，不过当时科学家认为，在银河系中只有地球适合生存。在 2009 年之后，空间望远镜的升空让寻找"另一个地球"有了新的希望。

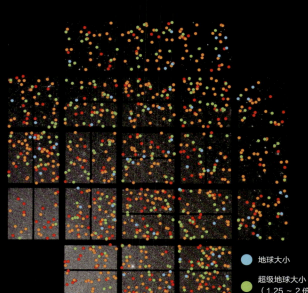

这张图表的生成基于 2011 年 2 月发布的数据，显示开普勒空间望远镜发现的 1235 颗候选行星

- 🔵 地球大小
- 🟢 超级地球大小
  （1.25 ~ 2 倍地球大小）
- 🟠 海王星大小
  （2 ~ 6 倍地球大小）
- 🔴 巨行星大小
  （6 ~ 22 倍地球大小）

行星"人口普查"

望远镜是一项伟大的发明。空间望远镜更是让人类可以直接寻找行星、观察宇宙。2009 年升空的开普勒空间望远镜，一直观测着天鹅座、天琴座和天龙座方向的 15 万多颗恒星。

2013 年，美国的科学家们根据开普勒望远镜 4 年来收集的数据分析，发现银河系内类似太阳的恒星中，有 22% 拥有体积类似地球且位于宜居带内的行星。也就是说，每 5 颗类似太阳的恒星就会拥有 1 颗宜居的行星。而我们的银河系有 2000 亿颗恒星，其中 400 亿颗像我们的太阳，而几乎每一颗恒星都拥有自己的行星。

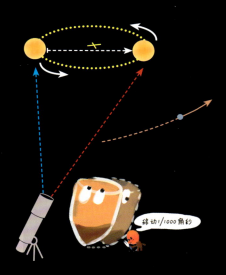

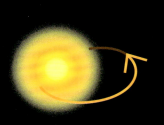

受周边行星影响的恒星，样子就像一个陀螺，在一个小范围里绕圈子

② 弯曲观测

当行星掠过恒星之际，行星的引力场使恒星的光线发生弯曲，增加了恒星光线的强度。这种效应可以导致恒星突然变亮100倍，由此泄露了行星的踪迹。

不过不幸的是，望远镜所看到的类似恒星都十分遥远，即使探测到一颗行星，我们可能也无法获得这个地外星球的具体情况，遥远的距离让任何现存的望远镜都无法继续跟踪。

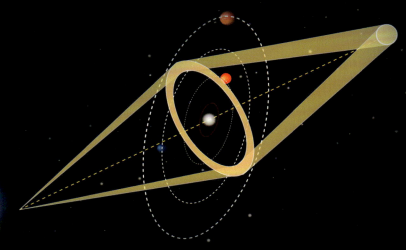

背景恒星的光经过透镜恒星发生弯曲，又受到围绕其旋转的行星影响的光路图

③ 凌日法

这种方法只有当地球、行星和恒星运转到同一条直线上的时候才能使用。这里的"日"泛指各种恒星。当行星从地球和恒星之间经过的时候，恒星的光线变暗，好像是在"眨眼"。这就给了我们发现这颗行星的机会。

我们可以通过这种方法计算出行星的轨道周期、行星的大小，甚至还能知道行星的质量、密度，进而有可能分析它的组成。

艺术家所绘开普勒空间望远镜观测到的三星同时凌日的景象

搜索生命的宜居带

"斥候号"宇宙飞船接收到了新的任务——寻找适合人类居住的新星球。地球上的人口越来越多了，资源紧缺，寻找新的宜居星球这件事刻不容缓。"斥候号"的船长莱西明白，这项任务很难。如果需要适合地球人居住，至少有 3 个必备的赖以生存的条件——水、能量和有机分子（或碳）。莱西要找到太阳的"同胞"和它的宜居带，那是一个不冷也不热、刚好适合生命存在的区域。

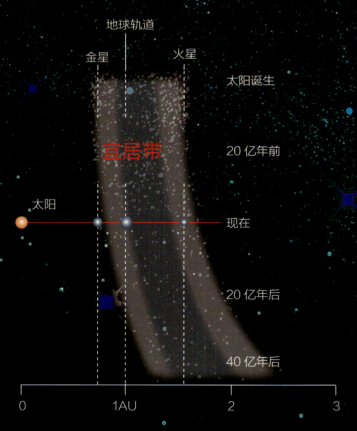

地球轨道

金星　　火星

太阳诞生

20 亿年前

宜居带

太阳　　　　　　　　　　现在

20 亿年后

40 亿年后

0　　　1AU　　　2　　　3

随着时间推移，宜居带外移（AU 为天文单位，即地球到太阳的距离）

太阳的宜居带最初是指金星轨道到火星轨道间的区域，这里的行星离太阳的距离比较近，可以获得足够的太阳能来产生生命所需的化学物质，但是又不至于太近，让生命赖以生存的水蒸发掉或破坏有机分子。但是，随着太阳慢慢变老、宜居带外移，地球的水会蒸发，到那时，我们的后代可能要选择移民或者用什么技术可以阻止这一事件发生（深色带是研究者对宜居带的保守估计，浅色带是乐观估计）。

成长中的恒星

莱西探测到一颗成长中的恒星，这颗恒星跟太阳非常类似，它的体积和亮度在不断变大。它的能量会传递给它周围那些冰冷的行星。如果行星表面有冰的话，接收到这个恒星的能量，冰会迅速融化成液态水，灌入行星表面巨大古老的坑穴中，形成海洋。这时，这颗行星就有形成生命的基本条件了。莱西上传了检测报告，继续行进在宇宙中。

地球化

"斥候号"是一艘探测飞船，携带基本的武器功能，但是没有行星开发功能。那些行星开发船是根据莱西的报告来决定到底要进行哪颗行星开发的。

火星是莱西找到的一个相对安全的、条件看起来还合适的行星。他把自己的方位和调查报告发给了开发机构，开发机构将会对该星球进行"外星环境地球化"的开发。一旦这项工程开始实施，这颗行星就会被人为地改造，使这颗行星的气候、温度、生态等类似地球，成为适合人类居住的星球。

艺术家想象中的火星地球化过程

宜居星球必备条件

要找到适合人类居住的家园，我们的要求可不低。除了温度，我们还看中房屋的质量、环境、采光、给排水、清洁和社会治安等，这些条件绝不亚于我们买房的要求。

1. 非常重要的一点是要考虑房子的供热系统。房子不能太大，需要考虑紫外线辐射的问题；也不能太小，否则行星需要靠得非常近才能保证给予足够的温暖，但这样会产生潮汐锁定（恒星周围的一些行星因距离过近，会被锁住，使得它们的一侧永远面对恒星，就像月亮永远面对地球一样）；必须非常稳定；它必须是单星，或者至少离其他伴星非常远，不然轨道会被干扰。

2. 社区有保洁系统。最好在外层轨道上有几个大行星充当垃圾桶，用来清扫闯入星系的彗星和小行星之类的碎片。

3. 必须是类地岩质行星，具有足够的重力吸住自己的大气层。

4. 行星表面必须和地球差不多。

5. 大气层气压和成分必须和地球差不多。

6. 地壳活动不能太剧烈。

7. 有强力的保护伞，必须有磁场保护。

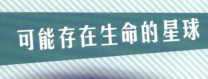
A 星：比太阳亮 20 倍，有宽阔的宜居带。但是这类恒星比较稀少和短寿，留给行星形成生命的时间并不多

F 星：比较稀少，只占全部恒星的 2%，但是寿命稍长，可达几十亿年，是"搜星人"寻找的目标区域之一

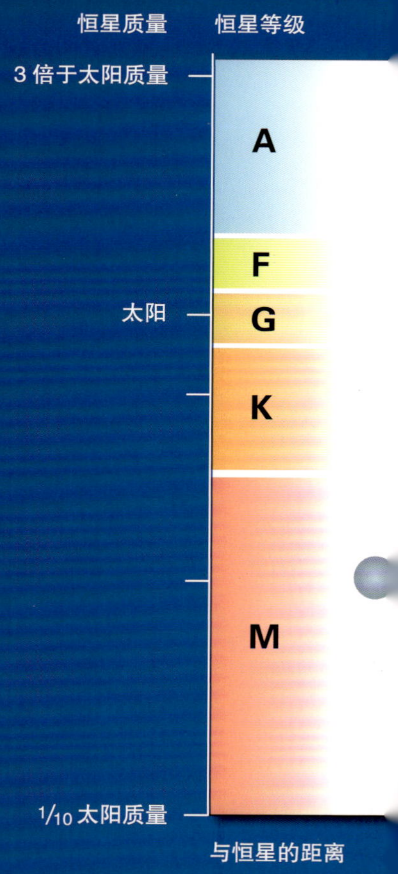

找宜居带的理念适应于整个宇宙。不但可以找恒星周边的宜居带，也可以找星系的宜居带

恒星质量　恒星等级

3 倍于太阳质量 ——

A

F

太阳 —— G

K

M

1/10 太阳质量 ——

与恒星的距离

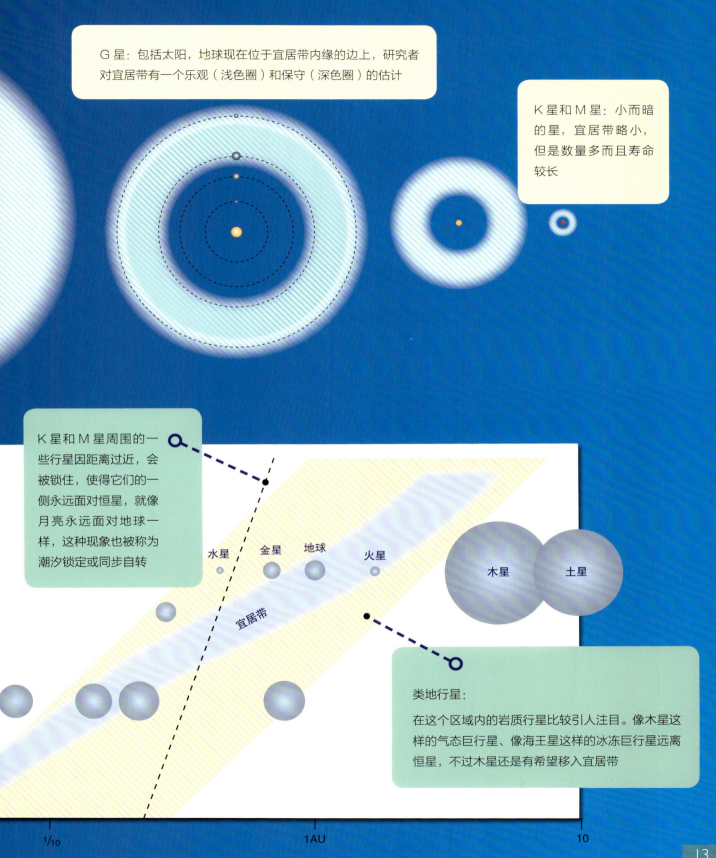

G 星：包括太阳，地球现在位于宜居带内缘的边上，研究者对宜居带有一个乐观（浅色圈）和保守（深色圈）的估计

K 星和 M 星：小而暗的星，宜居带略小，但是数量多而且寿命较长

K 星和 M 星周围的一些行星因距离过近，会被锁住，使得它们的一侧永远面对恒星，就像月亮永远面对地球一样，这种现象也被称为潮汐锁定或同步自转

水星　金星　地球　火星

宜居带

木星　土星

类地行星：

在这个区域内的岩质行星比较引人注目。像木星这样的气态巨行星、像海王星这样的冰冻巨行星远离恒星，不过木星还是有希望移入宜居带

1/10　　　1AU　　　10

"好奇号"的火星任务

火星的表面并不支持我们已知的生命形式，但是有证据显示，在数十亿年前，这里曾存在可能支持生命的气候。

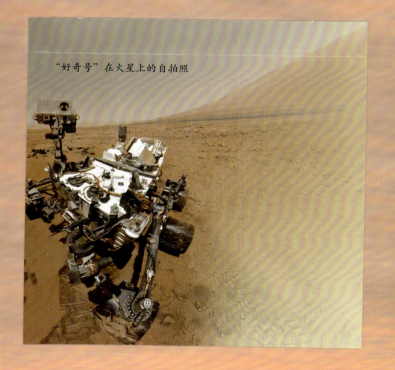

"好奇号"在火星上的自拍照

寻找水

"好奇号"接收到来自地球的指令，开始了寻找水的任务。这项任务的意义重大，因为在太阳系的行星中，火星是和地球最像的一个。于是火星就成了寻找外星生命的首选地，而生命的存在重要的条件之一就是要有水。

在"好奇号"没有抵达火星之前，"好奇号"的两个哥哥"奥德赛"和"环火星巡逻者"已经找到了火星曾在远古时期存在着水的证据。而"好奇号"可以通过自己携带的小型实验室来分析火星岩石，让地球上的科学家进一步获得火星的地质记录，寻找火星上生命的痕迹。

"好奇号"2013年2月8日在火星岩石上挖掘的6.35厘米深的洞

2013年2月8日这天，"好奇号"来到了一个叫"黄刀湾"的火星洼地。根据判断，这里以前是一条古代河流的终点或者间歇性的湖床。"好奇号"瞄准了一块火星沉积岩，抬起自己2米长的机械手臂，伸出强力探头，对准岩石表面开始向下钻探。钻头不到20秒就钻出了一个深6.35厘米、直径1.52厘米的洞。这个洞可是意义非凡啊！"好奇号"满意地看着自己的杰作，然后把钻出来的粉末倒入自己机械臂下方的一个铲斗中。

这个铲斗可不简单，它是"好奇号"现场火星岩石分析仪的采集和处理部件，铲斗中有一个滤网，可以筛选出直径大于150微米的任何粒子。筛选出样本后再进行科学分析。

根据分析出的结果显示，这里在古代曾经具备适合微生物生长的自然环境，而且在这些样本中还检测到了水分。

寻找水的任务圆满完成，但是这里并不是"好奇号"的终点站，下一个任务还在等着它。

"好奇号"取得的岩石粉末样本

可能存在生命的星球

火星（左）和地球（右）的岩石对比，可见它们都是由水底的沉积物构成的，里面嵌着在水流中形成的卵石

"好奇号"拍摄到的古火星河道，河道中水流冲击形成的卵石清晰可见

火星环形山上流水冲刷出的沟道

你知道吗？

夏普山是一座5000多米的高峰，地球上的科学家认为，夏普山是由堆积在它周围的环形山的沉积物构成的。这些沉积物一开始把周围的环形山全都填满了，后来被风沙和流水侵蚀，只剩下了中间的高峰。因为堆积物在下面，后来的物质在上面，整个夏普山就如同一本打开的书，它的岩层从下到上记载着这个区域的历史。

探索夏普山的秘密

"好奇号"坚硬的金属车轮被硌出了许多坑坑洼洼

夏普山就在眼前了

走了一年多，"好奇号"终于来到了它的终极目的地——火星的夏普山。

从"好奇号"的着陆地到夏普山底部，"好奇号"用了一年多的时间，"好奇号"虽然很厉害，但是它的速度却很慢，只有平均每小时30米。因为在火星上开车可不是一件容易的事，万一出了事故是没有道路救援来帮忙的。"好奇号"必须小心翼翼地选择合适的行进路线。

2014年9月11日，"好奇号"终于抵达了夏普山的山脚下并开始了钻探工作，地球上的科学家在同年12月发现夏普山的前身很可能是湖泊。

在"好奇号"取得的样本中，科学家发现了有机物。这些有机物可能是远古火星的生命留下来的，不过也可能是远古火星的温泉中水的化学反应或是其他小行星的碎片带来的。

"好奇号"圆满地完成了自己的火星任务。在这次行动中，"好奇号"并没有遇到"变形金刚"和"外星怪兽"。然而可以肯定的是，在约40亿年前，地球刚出现生命的时候，火星也具备同样的条件。

彗星之旅

2125 年 10 月 8 日，"命运号"巡航舰在宇宙中行驶，搭载的是一群要完成彗星生命探索的小探险家们。飞船按照固定的航行路线行驶，由舰载机器人罗利负责全船事务。

距离人类第一次登陆彗星已经一百多年了。登陆彗星对于人类来说意义重大。罗利在向大家介绍人类第一次登陆彗星的那段历史。

成功软着陆

"孩子们，欢迎来到'命运号'巡航舰。我是机器人罗利。接下来我们将抵达67P（楚留莫夫－格拉希门克）彗星的附近，100 多年前的 2014 年，欧洲空间局的'罗塞塔号'释放的'菲莱号'着陆器成功地降落在了它的上空。"

大家一边听着罗利的介绍，一边翻看着装有彗星资料的电子设备。

罗利继续宣讲道："'罗塞塔号'是第一个长期围绕彗星运转的探测器，并且'菲莱'着陆器也是人类首个在彗星表面软着陆的探测器。在此之前人类也曾发射过探测器，但是它是直接撞向彗星的。"

"彗星上保存了太阳系诞生之初的物质，而且在行星的形成中发挥了大作用。最重要的是，地球的海洋很可能就是来自彗星。彗星不但带来了水，还带来了各种复杂的有机分子，这些有机物富含各种化学元素，而这些元素也恰好是生命的基本成分：蛋白质和 DNA。所以说，探索彗星就有可能找到生命起源的线索。"

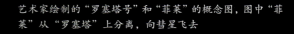

艺术家绘制的"罗塞塔号"和"菲莱"的概念图，图中"菲莱"从"罗塞塔"上分离，向彗星飞去

名字的由来

"有没有人知道'罗塞塔号'这个名字是怎么来的呢？"罗利看向孩子们，微笑中透露出一丝神秘。

"我知道，我知道，'罗塞塔号'这个名字，来源于帮助人们破译了古埃及象形文字的罗塞塔石碑。这块石碑让人类找回了那些逝去的历史，所以以此来命名，也是为了满足人类探索生命起源这段历史的愿望。"小学霸吉米回答得胸有成竹。

"没错！'罗塞塔号'和'菲莱号'上的仪器能更准确地分析彗星上都有些什么有机分子，它们甚至有能力探测出氨基酸这样的对生命非常关键的物质。"罗利露出赞赏的目光。

"罗塞塔号"从地球到 67P 彗星的旅程

"菲莱号"成功降落在彗星上，并拍下自己脚下的彗星表面照片

"同学们，'罗塞塔号'到达 67P 彗星的时候，并不是直接投放了'菲莱号'，而是一圈圈地环绕着彗星运转，在经过三个月准备后'菲莱'才向彗星进发。请看这个画面。"罗利一边说着一边向空中投放了"罗塞塔号"围绕彗星运转的图像。

"意外的是，'菲莱号'被投放到了一个太阳照射不到的位置，无法用太阳能电池发电。它一直静静地等待着，直到 67P 彗星离太阳越来越近，而它在充满电以后才开始了自己的工作。"罗利说，"来吧，同学们，我们到了。准备好自己的装备，探测开始。"

对于他们来说，或许依然无法确定地球生命是否来自彗星的播种，但相信他们对宇宙中生命起源的认识一定会更加深入。

可能孕育生命的卫星

在太阳系中，人类搜索地外生命的首选目标一直是火星。在太阳系外，天文学家也一直在寻找处于宜居带的行星。的确，依据我们的经验，行星才是孕育生命的摇篮。但考虑一下生命存在需要的条件，你就会意识到卫星这种围绕行星运转的天体，同样有机会承载生命。接下来，就让我们一起去探索这可能孕育生命的希望之地——卫星吧。

第一站——水的星球

我们知道，寻找生命重在寻找液态水。生机勃勃的地球表面的 71% 覆盖着由液态水组成的汪洋大海。而在太阳系中，还有个星球表面也覆盖着海洋，它就是木星的卫星木卫二欧罗巴。

事实上，木卫二的表面上都是冰，木卫二冰层下面是覆盖整个星球的海洋。如果让地球和木卫二上全部的水都聚集成一个球，其比例如图所示。可见木卫二上的水比地球上的还要多，这些溶解了丰富矿物质的海水完全可以孕育生命。

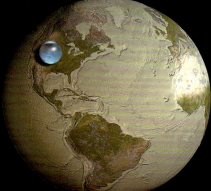

电影《阿凡达》中的潘多拉就是一颗生机勃勃的卫星

沟壑纵横的木卫二，这种地貌可能就是因为冰层下的水涌出而形成的

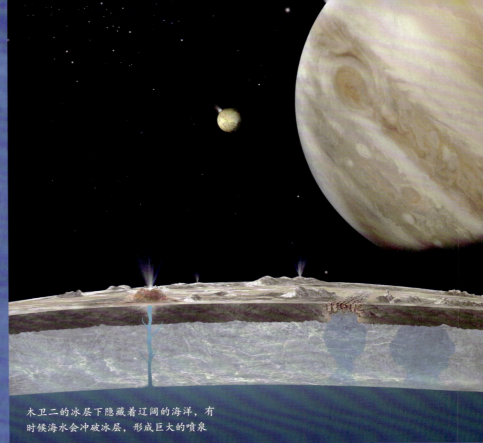

木卫二的冰层下隐藏着辽阔的海洋，有时候海水会冲破冰层，形成巨大的喷泉

下一目标——土卫六

土卫六泰坦是土星最大的卫星，它在整个太阳系的卫星中个头能排在第二。它可是太阳系中唯一拥有真正大气的卫星。其大气的主要成分是氮气，另外还有少量的甲烷。

土卫六的不利之处也很明显，那里非常冷，表面温度大概有 −179℃。不过科学家推断土卫六也有潮汐加热现象，因此在冰层下面很可能也存在着能够孕育生命的地下海洋。

即使土卫六现在没有生命，在遥远的未来，当太阳随着年龄增大发光不断增强的时候，生命也可能会出现在那里。接收到了更多的光和热之后，土卫六的冰层可能融化，从而出现一个富含有机物的海洋。然后，在地球上曾经进行过的创生过程就可能在那里重演了。

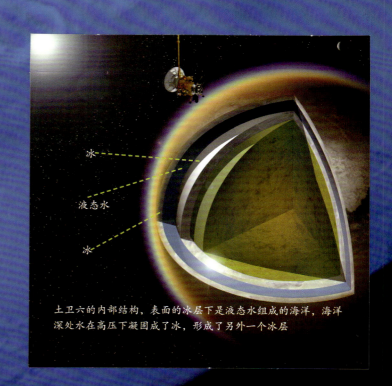

冰
液态水
冰

土卫六的内部结构，表面的冰层下是液态水组成的海洋，海洋深处水在高压下凝固成了冰，形成了另外一个冰层

给生命下个定义

为了在宇宙中寻找和识别生命，我们首先必须弄清楚生命是什么，以及生命赖以生存的基础环境。所以在我们探索地外生命领域之前，要先给自己星球上的生命形式下一个定义。

生命模拟机启动

卢克的爸爸是个科学家。在卢克家的由车库改装成的实验室里，爸爸制造出许多神奇的机器。最近爸爸在制造一个大家伙，卢克一直都想知道那是什么。

每天从学校回家，卢克第一件事就是一头扎进车库里，看看那个大家伙完成了没有。

打开车库的门，爸爸不在，车库里那台机器静静地待在那里。

卢克实在控制不住好奇心，就鼓起勇气接通了机器的电源，伴随着电流的吱吱声，机器上的一块液晶屏亮了！同时响起一个声音："生命模拟机启动，进化开始！"

突然间，房间里一片黑暗，卢克很害怕地叫着："爸爸，爸爸！"可是没有听到爸爸的回应，这个时候却听到模拟机的声音："您已进入上帝模式，请开始操作。"

"操作？操作什么？"卢克很纳闷，同时埋怨自己太鲁莽，因为他害怕弄坏爸爸的机器。

"反正也已经打开了，"卢克心想，"就看看这个东西能做什么吧！"

这个时候在卢克的眼前出现了一个气体围绕的球状物，看起来非常逼真，像可以摸到的样子。

卢克用手碰了一下球状物的表面，表面的大气开始飞速旋转，球状物体好像发生了一些变化。

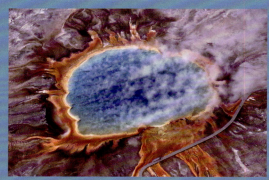

被古细菌染了色的温泉

单细胞生物：只由单个细胞组成，独力完成新陈代谢及繁殖等活动的生物体，包括所有古细菌、真细菌和很多原生生物。古细菌是能够生活在温泉、盐湖之类极端环境的嗜极生物。

生命在进化

"最初的地球上只有气体、岩石和岩浆。其中，二氧化碳是最常见的气体，还有氨气和甲烷。岩石经常被熔化，然后再重新形成。水逐渐从地壳中释放出来，缓慢地形成各种各样的水体。那时，地球上根本没有任何生命。"模拟机开始讲解，"直到大约40亿年前，最初的单细胞生物才开始形成，现在您看到的就是40亿年前的地球，单细胞生物开始扩散到所有能到达的环境中，地球环境开始慢慢改变。到最后，进化成为新生命出现的唯一方式。"

"哇！"卢克睁大眼睛观察着模拟地球，他用手碰了一次就出现了40亿年前的地球，"再碰一次呢？"他用手轻轻地拨了一下模拟地球，地球开始飞速转动。

"现在您看到的是15亿年前的地球，地球上的第一个多细胞生物出现了，今天在地球上存在的所有动物都有相同的祖先，它是一种生活在水里的小虫。"

"从这种小虫的出现开始，生命继续进化着，并开始变得越来越复杂。就像子女长得并不像他们的父母一样，差异在每一代都会出现。这样的结果就是，物种一直在进化，生命越来越多样，不同的物种也越来越多。""最初生命只存在于水里，而且这种情况持续了很长时间。渐渐地，动物开始长出坚硬的身体部位，包括外壳和骨骼结构，植物也变得更加复杂。您现在看到的是4亿年前的地球，请注意看，植物已经出现在陆地上，第一种陆生动物——千足虫出现了。"模拟机像一个老教授一样喋喋不休。

"随着'登陆'的一步步进行，水面上的事物也在发生着变化。陆地上开始长满树木，早期的两栖动物在水陆之间往返。后来，第一种爬行动物出现了。"

"恐龙快出现了！"卢克有点兴奋，在模拟机还没有讲的时候，卢克就抢答了出来。

"随后出现了第一只恐龙。"模拟机并没有因卢克的抢答而停止解释。卢克又伸手用力一拨，模拟地球在飞速变化。卢克放大了地球上的某一点，看到了在陆地上有许多动物和开着各种花的植物。地球表面变得炎热起来。在某些地方，已经有猿类在奔跑。

卢克想观察得更仔细，所以他动手让模拟地球转得慢一些。

这个时候的模拟地球由热变冷，渐渐地进入了寒冷的冰期。他发现，地球上已经有了人类的祖先，伴随着模拟地球的运转，卢克看到了人类的族群活动，随着地球温度不再那么寒冷，人类的文明也发展了起来。

柏林自然博物馆的恐龙化石厅。恐龙是陆栖脊椎动物，最早出现在 2.3 亿年前的三叠纪，曾支配全球陆地生态系统超过 1.6 亿年

为了发现外星生命

突然，车库里亮了，原来是爸爸打开了灯，暂停了模拟机。

"爸爸，这个机器太棒了！"卢克很兴奋。

"你知道为什么要做这样一台机器吗？"爸爸问。

"就是为了让人们了解生命进化的过程吧。"卢克回答。

"也对，也不对。"爸爸说，"对的是你所看到的确实是模拟地球生命进化的过程，然而这只是大工程的一小部分，这项工程的目的是发现外星生命。而寻找外星生命最有效的方法是以地球生物为蓝本，在太空中寻找同等形态的物体。"

"爸爸，如果我们把一些细菌带到火星上，让它们自己进化，改造火星的大气层，过了很久之后火星上不是就有外星生命了吗？"卢克说。

"说得非常好！"爸爸夸奖道，"但是这里边还存在着一个问题。对于地球上的生命来说，水是非常重要的组成部分，在地球生命的进化过程中，水是一直存在的。而在其他星球上，就不一定是这样。"爸爸说。

"爸爸，我们一直在寻找外星人吗？"卢克问。

"是的，我们一直没有停止寻找地外文明，而且我们寻找的是包括了类似于古细菌的原核生物和高度进化生物之间的一切生命体。随着科技的进步，人类与外星球生命建立起联系的可能性会越来越大。"爸爸说。

睡觉时，卢克望着窗外的星空，觉得在某个星球也有个小外星人在看着他。

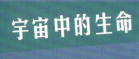
宇宙中的生命

1.5 亿年前，鸟类出现

2 亿年前，哺乳动物出现

2.05亿年前

中 生

2.50亿年前

侏罗纪

三叠纪

3 亿年前，爬行动物出现

5.70亿年前

寒武纪

2.90亿年前

3.6 亿年前，两栖类出现

二叠纪

宾夕法尼亚纪

密西西

4 亿年前，植物第一次出现在陆地上

寒武纪

4 亿年前，昆虫出现

5 亿年前，鱼类和原始两栖动物出现

6 亿年前，简单的动物出现

地球形成于 46 亿年前，但是在大约 40 亿年前就有生命出现了

15 亿年前，多细胞生物出现

46 亿年前，地球形成

36 亿～ 40 亿年前，原核生物出现

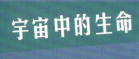

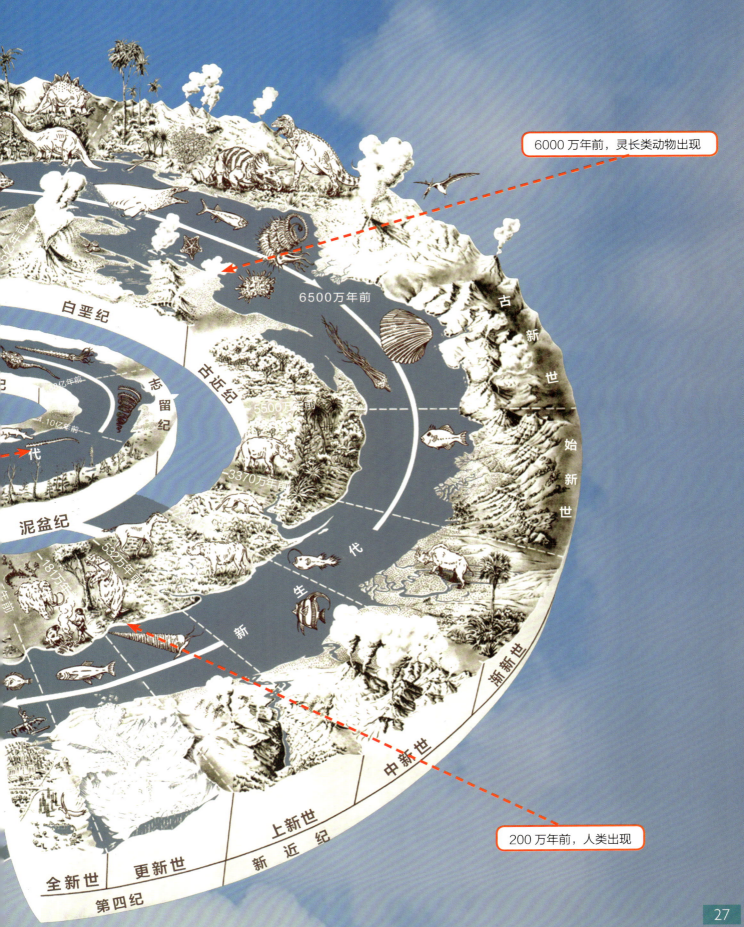

6000 万年前，灵长类动物出现

6500万年前

200 万年前，人类出现

白垩纪

志留纪

古近纪

泥盆纪

古新世

始新世

渐新世

中新世

上新世

更新世

全新世

新近纪

第四纪

新生代

代

24 小时：
生命的跨度

在太空中寻找生命，不是仅仅寻找外星人，而是寻找任何有生命特征的物体，而生命的跨度很大。

约 5.3 亿年前：
寒武纪大爆发

7.5 亿—6.35 亿年前
二次雪球地球

生命在进化

"生命像不断被死神的镰刀肆意修剪的灌木丛。"是古生物学家斯蒂芬·杰·古尔德曾经说过的一句话。

在地球上，生命已经存在了几十亿年，进化出了数不清的有机物的生命形态。一直到今天，科学家推测地球上有 874 万个物种，其中有 777 万种动物，29.8 万种植物，61.1 万种菌类，36.4 万种单细胞动物，2.75 万种单细胞植物。

有人形象地把生命进化历程比作一天 24 小时，从地球开始形成到现在，约 46 亿年，如果把午夜 0 时作为地球的诞生，那么生命的 24 小时就如右图所示。人类存在的时间实在很短，不过，我们现在站在食物链顶端，是这一次演化过程中自然选择的赢家。

生命的跨度很大

从生命体的进化到人类的进化，除了身体层面及生物神经系统在进化，智慧意识层面、知识和群体智能也在进化。从人类可以想象到未来的有机生命体和电脑对接融合，一直到生命体对恒星能量的利用和控制，物质、能量、意识的复合统一，这就是宇宙生命源流的整体跨度吗？

所以人类在地球之外寻找生命，是包括了从类似于古细菌的原核生物一直到智慧高度进化生物之间的一切生命体。不过，从我们看到科学家现在正在做的事情来看，他们重在寻找生命历史跨度两端的生物：原核生物和外星人。

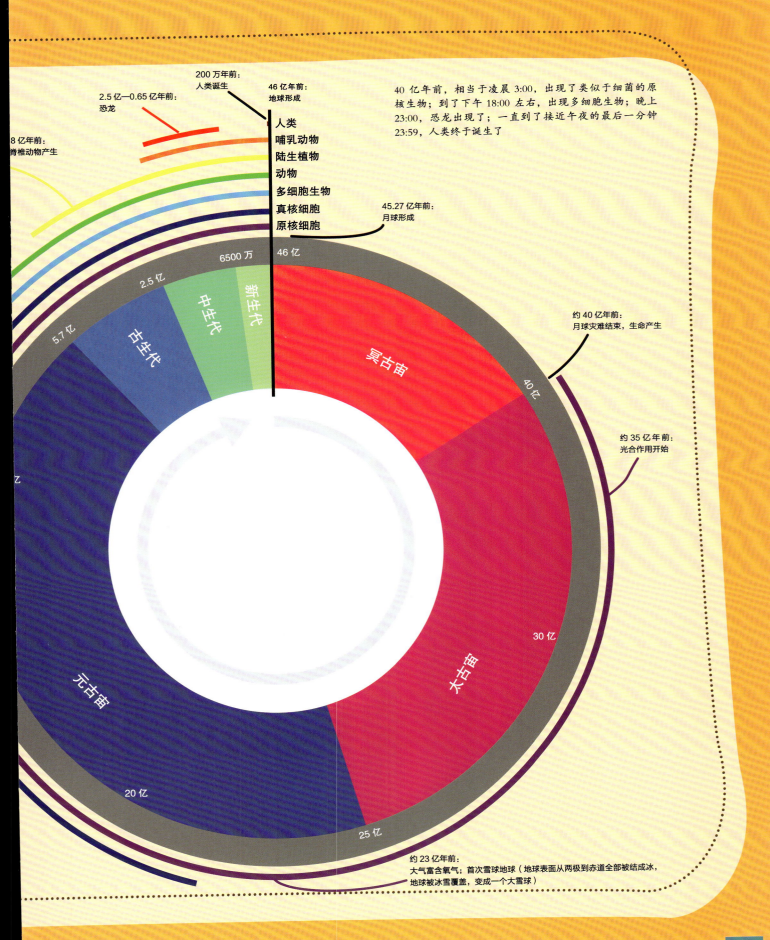

200 万年前：
人类诞生

2.5 亿—0.65 亿年前：
恐龙

46 亿年前：
地球形成

8 亿年前：
脊椎动物产生

40 亿年前，相当于凌晨 3:00，出现了类似于细菌的原核生物；到了下午 18:00 左右，出现多细胞生物；晚上 23:00，恐龙出现了；一直到了接近午夜的最后一分钟 23:59，人类终于诞生了

人类
哺乳动物
陆生植物
动物
多细胞生物
真核细胞
原核细胞

45.27 亿年前：
月球形成

6500 万   46 亿

2.5 亿

5.7 亿

新生代

中生代

古生代

元古宙

20 亿

25 亿

冥古宙

太古宙

40 亿

30 亿

约 40 亿年前：
月球灾难结束，生命产生

约 35 亿年前：
光合作用开始

约 23 亿年前：
大气富含氧气；首次雪球地球（地球表面从两极到赤道全部被结成冰，地球被冰雪覆盖，变成一个大雪球）

29

生命是如此顽强

如果没有专门的设备，人在外星球一刻也不能生存。那么，其他生命体能够生存吗？那里没有氧气，没有水，却有超高温、超低温、超常气压、高辐射，虽然人类不行，但也许一些细菌可以，就让我们来认识认识这些"细菌超人"吧。

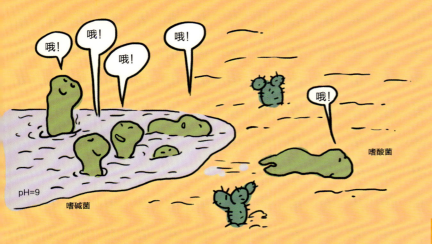

嗜碱菌
pH=9

嗜酸菌

嗜盐菌
20% 氯化钠

嗜辐射生物最坚强

在电影《绿巨人》里，布鲁斯·班纳博士被自己制造的伽玛炸弹的放射线大量辐射，身体产生异变，变成了绿巨人。当然这只是一种幻想，正常人受到辐射后是会丧命的。而如果你拥有"耐辐射球菌"的能力，你就不会害怕辐射了。

耐辐射球菌

科学家在罐头中发现了一种新的细菌，这种被称为"耐辐射球菌"的微生物，可以承受比人类细胞致命剂量还要高出数千倍的辐射，是地球上最"坚强"的生物之一。科学家通过研究发现，这种细菌有着高效而准确的 DNA 修复系统。

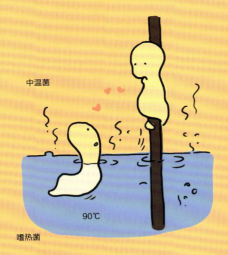

中温菌

90℃

嗜热菌

如果你来到一个温度非常高的星球，可能还没接近它就被烤熟了，但是如果你拥有嗜热菌的能力，那就可以自由奔跑啦。

嗜热菌可以在高于 90℃ 的温度下生长。地球上的大部分生物在高温下都会使细胞内的蛋白质变性、分解，从而让细胞死亡。为什么嗜热菌在高温下能够生存呢？因为嗜热菌中的细胞蛋白跟其他生物不同，它们的热稳定性高，可以在高温下稳定运转——原来是不怕热的蛋白质在起作用。

黄石国家公园里的嗜热菌

南极冰层湖底采集到的微生物

南极的冷
只是小菜一碟

如果你来到一颗冰冻星球呢？那里结满了冰，温度极低，这个时候如果你有放线菌和变形菌的能力，就不会害怕了。

这两种细菌能够在南极冰盖数千米下方的极寒之地生存。科学家在 93 米深的霍奇逊湖的湖底发现了大量的放线菌和变形菌。这些细菌在地球上已经生存了 10 万年，它们一直潜伏在南极湖泊下方。

蓝细菌在模拟的火星环境下生长

地球生物能否在火星生存呢？科学家在实验室模拟火星的环境，然后把在地球极端环境中收集到的菌类生物扔进实验舱，发现蓝细菌和极地苔藓可以在这样的环境里存活，而且生活得很滋润！

嗜冷菌

有水才有生命吗？

◆ 水（H_2O）：0℃至100℃

◆ 氨（NH_3）：-78℃至-33℃

◆ 硫化氢（H_2S）：-86℃至-60℃

◆ 甲烷（CH_4）：-183℃至-161℃

◆ 乙烷（C_2H_6）：-183℃至-89℃

试想一下，假如你是上帝，在创造生命的时候，会选择哪种液态物质来帮助生物体进行化学反应呢？首先，我们先来看一下在太阳系常见的元素中，可以形成的液态物质和它们保持液态的温度范围。

地球上的生命离不开水

水为化学反应提供了理想的环境

在光合作用中，水是一种原料，植物利用光能和叶绿素，将二氧化碳和水转化成有机物和氧气。动物消化食物时，也需要水来水解。

在这几种液态物质中，水的温度范围最大。这意味着水可以在更宽的温度环境里成为液态。而且温度高的话，就可以有更多的能量提供给生物进行化学反应。水不仅是生命活动的最佳溶剂，而且水本身往往也要参与到重要的生化反应中。

水是光合作用的重要原料

在地球诞生的初期，大气中没有氧气，也没有臭氧层，紫外线可以直达地面。在这种环境下，地面上根本不可能存在生命。然而在海洋中却是另一番景象，因为有了大海的保护，慢慢地，在约38亿年前，有机物在大海中出现，随后出现了单细胞生物，所以生命首先是从海洋中诞生的。

水不仅仅阻挡了紫外线，使生命诞生，它还有些特殊性质，也保护了生命。当水结成冰时，它会浮在水面上。假如水结成冰以后不会浮在水上，而是沉到水底会发生什么现象呢？过低的温度会把水中的生物全都冻死。因为冰能浮在水上，所以在严寒的季节，反而使得水中的生物有一个较为暖和的生存环境，因为冰阻挡了水面的冷空气。

虽然我们不能证明生物可以离开水而存在，但是可以肯定的是，地球上的生命是离不开水的，所以在有水的星球上，就有可能会有像地球上的生命一样的存在。

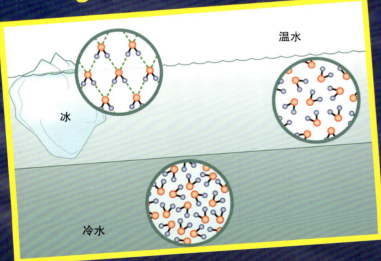

温水

冰

冷水

水结成冰密度反而会下降，这种性质对生命也是有利的

你知道吗？

生命活动需要一种物质，这种物质由太空中富集的元素组成，可在较大的温度范围内保持液态，并且化学性质活跃。

为什么要寻找外星人？

"忧天派"寻找新地球 □

人类寻找外星生命有一种动机,就是对人类生存环境的担忧。核威胁和化学污染、全球变暖和沙漠化、大气臭氧层变薄、人口爆炸等日趋严峻的资源环境形势,使我们不得不认真地思考:这样下去,我们的星球还能维持多长时间?除了地球,还有没有适合人类生存的家园?如果有一天,地球的寿命将尽,或许外星人生存的星球,我们人类也可以生存。

这一派,我们可以称为"忧天派"。我们寻找外星生命,实际上寻找的是第二个地球,亿万年以后的家园。

"天性派"好奇生命 □

除"忧天派"外,还有一派我们称之为"天性派"。古往今来,人类的好奇心是科学得以发展的动因之一,探索外星人也不例外。地球上的生物虽然有千万种,形态千差万别,但都是同一个"祖宗"的后代。在地球上生命出现的初期,很可能有不同类型的生命形式存在过,但是最后只有竞争力最强、最能适应当时地球环境的生命形式存活下来。人类只对地球上的生物进行研究,难以得出生命起源、生命基本原理及智力形成机制的结论。只有找到与"地球型生物"不同类型的生物,我们对生命现象才能有更全面、更深刻的理解。如果外星人的生命形式与地球生命迥然不同,那么,人类对生命的理解就会更深更广,对自身的了解也会更加深刻。倘若外星人的基本模式与人类并无二致,这就可能意味着生命的基本模式只有唯一的一种,人们便可以深究生命为何必然如此。

"天真派"称外星人善良 □

我们有没有可能遇到像《变形金刚》里的汽车人那样,对人类友好、愿意保护人类,并且传授给人类先进技术的外星人呢?很多人抱有这样的幻想。一些人希望通过和外星人接触,学习他们的先进技术。能够访问地球的外星生物,所掌握的科学技术一定远远超过人类目前的科技水平。地球人因此就有可能免去数百年甚至更长的摸索过程,实现科学和技术的大飞跃。但是在电影《独立日》《火星人玩转地球》等影片中,外星人是以侵略者的身份降临地球的,这些外星人强大的科技力量使得人类的反抗变得尤为艰难。外星人到底是敌是友,我们还不得而知。

不过,不管外星人怎么样,以什么样的动机来寻找外星人,寻找外星人这件事都是有积极意义的。因为探索外星人有助于人类更深刻地认识自己在宇宙中的地位。随着寻找外星人这件事的深入,人类也会逐步明白自己并非宇宙的唯一、宇宙的中心。坚持不懈地探索地外文明将为人类提供历史连续感,而这种连续感有助于人类赢得更美好的未来。

十大途径寻找外星人

天文学家保罗·戴维斯在自己的作品《可怕的沉默》中写道："这些所谓的中心法则，几乎是没有根据的。"他指出，即便有和我们相似的外星生命，比方说他们生活在 1000 光年之外的星球上，他们就算拿起了望远镜，找到了地球，他们看到的也是地球 1000 年以前的情景。他们何苦还会给一个没有电波接收系统，甚至连电都没被发明出来的星球传输电波呢？

如果说监听电波对我们而言有些太遥远了，那么，还可以用哪些方法去寻找外星生物呢？这里有 10 条建议，并且这些建议已经通过各种渠道，被运用到了实践当中。

搜索外星生命光线。在过去的 20 年间，俄罗斯和美国的科学家曾经阶段性地试图在太空搜寻那些特殊的光线。这些光线不同于自然界的普通光线（例如星星发出来的光线），而是那些只能由智慧生物制造出来的光线。

1

寻找小行星矿藏的证据。人们正在寻找太阳系行星的矿产，评估这些矿产的开采价值。难道外星生命就不会这么做吗？证据可包括行星化学成分的变化、矿物残渣的分布，还有其他在地球上就能探知的行星的热量变化。

2

寻找巨大的外星建筑。当人们想到这一主意时，最佳例子无疑是"戴森球"，即一种环绕恒星建造的假想建筑物，用于收集星体的所有能量。

检查星际大气中的污染物。如果一个行星的大气里面有非正常的化学物质，例如含氯氟烃，那就表明在该星球有智慧生物存在过。

3

4

8 搜寻 DNA 中的信息。DNA 是保存信息的另一种方式。外星人，或者是外星探测仪，也许在很久以前到访过地球，并且在某些古生物身上留下了信息。当然，这一推测缺陷甚多。就像戴维斯指出的那样，把信息植入人或者动物身上，而且要保证信息在生物进化过程中发生基因突变时完全不被影响，这几乎是不可能的，但也不能完全否认这种有趣的可能性。

9 发现特征明显的外星飞行器。嘿，如果这点对瓦肯星人（科幻影视剧《星际迷航》中的一种外星人）来说是正确的话，为什么对我们来说不是呢？

10 邀请外星人上网。科学家建立了一个网站，他们要求外星人给他们回复邮件。虽然到目前为止，所有的回复都被认为是恶作剧，但是尝试一下也没什么坏处。

7 寻找中微子序列。戴维斯在他的书中指出，中微子这种如同幽灵般存在的亚原子粒子，有可能是被用来传递信息的，因为和超声波或光波相比，中微子更适合用来长途传递信息。信息本身可能是非常简单的，并且用一种外星莫尔斯码加密过，但是在地球上是可以被我们探测到的。

6 在地球上寻找外星痕迹。地球已经存在了几十亿年了，谁敢说外星生命从未到访过？如果他们很久之前就来过这里，那么也许他们会在极其隐蔽的地方，比如海底，留下痕迹。

5 寻找恒星工程的迹象。目前，这仅是科学幻想的内容，但一个有能力摆弄恒星的外星文明肯定会对我们地球人感兴趣。

外星人是敌是友？
——专访北京科技馆副研究员赵洋博士

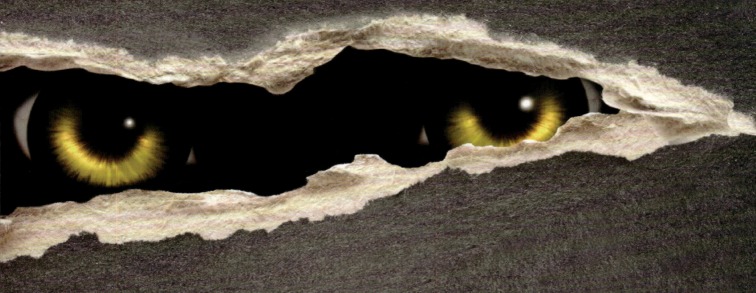

Q 人类最可能以什么方式接触到外星人或者做出存在外星生命的肯定判断？

赵洋　最可能以无线电联络的方式接触外星人，因为宇宙太大了。

Q 人类何时能发现外星人或被外星人发现？

赵洋　至于人类何时被外星人发现，我们向太空发射的探测器还太小、太少，无线电信号功率也太低。从银河系的尺度来看，这些"呼喊"十分微弱，被外星人接收的可能性很小。等我们发展到 1 型文明（文明理论见后文 P45、P46 及 P47），"呼喊"声变强，自然会有外星人注意到我们。

注：Q 指 question

Q 外星人是敌是友？

赵洋　这是最难回答的问题。回顾人类历史，殖民者一开始对新发现的土著民族并不友好，对其他动物更是毫无爱护之心。美洲作为新大陆，很多历史悠久的文明被科技更发达的欧洲殖民者毁灭了，许多新发现的动物物种被滥捕至灭绝。这样血腥的历史会在星际空间重演吗？没人知道。有一些对外星人抱有善良想法的人说，既然他们能穿越浩渺空间来到地球，一定具有高度发达的科技；他们一定用了漫长的时间发展出这样的科技，在这个过程中并未毁灭自己的文明，这说明他们并不好战，甚至拥有很高的伦理道德，应该不会与人类为敌；何况，他们为何要不远万里来毁灭人类呢？害怕与外星人接触不过是以己度人。

另一派观点是反对与外星人主动联系。这些人以著名物理学家霍金为代表。如果外星人拜访我们，结果可能与哥伦布当年踏足美洲大陆类似，这对当时的印第安人来说不是什么好事。可怕的是，当年的殖民者并不认为自己是在做坏事。也许有些外星种族已将本星球上的资源消耗殆尽，而生活在巨大的太空船上，成为星际游牧民族，企图征服所有他们路过的星球。还有一种可能是，如果外星文明比地球文明高出太多，他们很可能不在乎地球人的感受。你在清理后花园时会在乎一个蚁巢的感受吗？也许外星人会像对待低等生物那样对待人类。

Q 人类从 1 型文明到 2 型需要多久的时间？

赵洋　千年量级。

Q 飞行器上天前都要经过灭菌处理，有没有可能人类已经在太空中传播生命的种子？

赵洋　有可能，因为早期太空探索没有航天器灭菌流程。

Q 人类现在有什么方法可以构想可能存在的外星生命？

赵洋　生物形态学方法和科幻方法。

Q 那么中国在寻找外星生命上是否有相应的规划或实践？

赵洋　国家层面的没有。

星系文明进化论

卢克是太空迷。他在学校发起了一个秘密社团叫作"征服宇宙",社团成员是他最亲密的小伙伴们。因为卢克的爸爸是科学家,卢克是社团的发起人,所以卢克自然成了社团的领袖。

这天是社团集会的时间,大家相聚在卢克家的车库里。不要小看卢克家的车库,那里是卢克爸爸的实验室,里边有很多高科技产品,超乎普通人的想象。卢克在使用了生命模拟机之后对进化产生了浓厚的兴趣,滔滔不绝地向社团成员普及生命进化的知识,描述生命模拟机工作时候的神奇画面。这个时候,社团成员之一,一个像卢克一样喜欢神秘宇宙的小胖子莱克说:"说不定我们将来可以进化到长生不老,还能够穿梭时空。""这并非不可能。"社团里唯一的女孩莉莉说,"我在书里看到过,如果人类文明一直持续不断地进化,人类就可以活得很久。"

"打开爸爸的电脑查一查吧。"卢克说。

卢克爸爸的电脑使用了最先进的人工智能技术,这台电脑叫查尔斯,它是有思想的,并且它的思维可以通过网络从一个智能终端进入到另一个智能终端,卢克爸爸在工作时,它在电脑里;卢克的爸爸出去的时候,它会进入到卢克爸爸的手机,帮助卢克的爸爸解决问题。在实验室需要查尔斯的时候,查尔斯会通过网络回到实验室。

"查尔斯你在吗?我有问题要问你。"卢克打开电脑问。

"有什么问题呀,卢克?"查尔斯出现得很快。

"我们想知道,我们的人类文明将来能进化得让生命长生不老吗?我们能回到过去和到访未来吗?"卢克问。

"答案是肯定的。"查尔斯说。听到查尔斯的回答,卢克和小伙伴们发出惊呼声。"俄罗斯的天体物理学家尼古拉·卡尔达肖夫曾经给文明的进化作了分类,其中有一类就可以达到长生不老、穿梭时空。"查尔斯补充道。

尼古拉·卡尔达肖夫,1955 年毕业于莫斯科国立大学。1962 年,他在斯特恩伯格天文研究所获得博士学位。1963 年,他开始研究类星体 CTA-102,这是搜寻地外文明计划的一部分,那时他突然想到银河文明可能存在于宇宙中,甚至有可能比地球文明早几百万年或几十亿年出现。他自创了一种分类标准,将外星文明进行分类,以示它们比地球文明的先进程度。

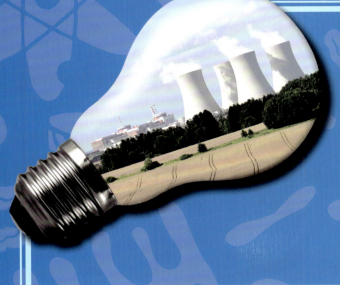

这种文明可以使用基本原材料，如煤炭、石油及木材来获得能源。他们在太空探索方面会使用简单的航天器及推动力。他们很可能没有能力飞往其他星球或月球来利用那里的资源。这是原始的文明阶段，我们地球及我们如今的技术就处于这一阶段。是的，我们的文明处于 0 级！

类型 1： 行星文明

这一文明可能会比地球文明先进一点。他们能够毫不浪费地利用其行星上的任何资源。地球文明可能需要 100 年或 200 年后才能够达到这样的文明程度。

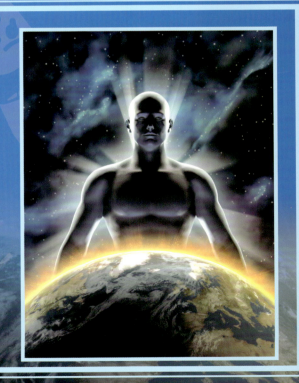

类型 2： 恒星文明

这一文明比我们当前的地球文明要先进 2000 年。他们能够利用其恒星系上的所有能量，总量为 10^{26} 瓦（也就是 10 后面加 25 个 0 的数字）左右的电能。如果你还记得《星际迷航》，你就会对类型 2 文明的程度有一个直观的了解。他们可能已经研制出一种翘曲航行飞船，其速度超过光速，从而使他们的飞行难以被发现。

类型 3： 星系文明

这一文明所利用的能量是类型 2 文明的 100 亿倍。他们能利用其星系中的所有能量。他们可以在不同星系中的恒星之间来回穿梭，并且只要他们愿意，他们可以利用任何恒星上的能量。他们还可以移居到其他星球上，甚至可以改变那个星球的形状。

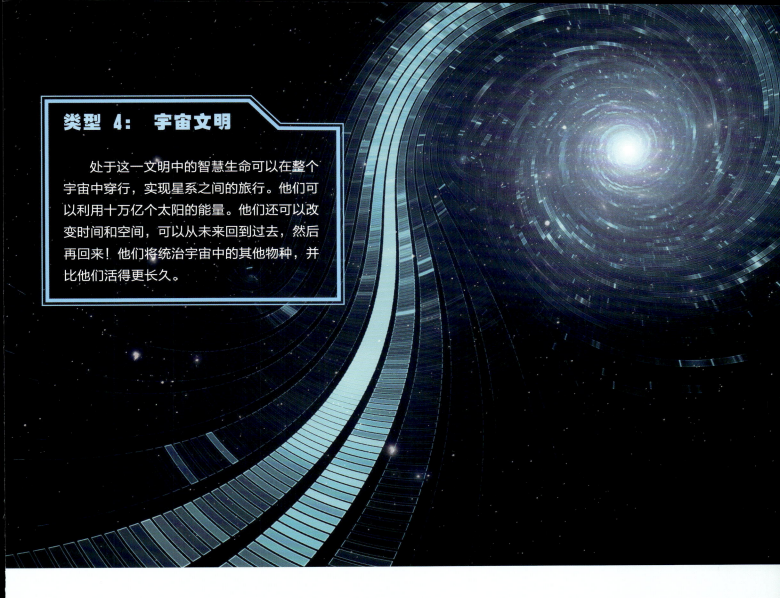

类型 4： 宇宙文明

处于这一文明中的智慧生命可以在整个宇宙中穿行，实现星系之间的旅行。他们可以利用十万亿个太阳的能量。他们还可以改变时间和空间，可以从未来回到过去，然后再回来！他们将统治宇宙中的其他物种，并比他们活得更长久。

类型 5： 多元宇宙文明

处于这一文明的智慧生命能够轻松地在各种不同物理构成、不同时空和物质组成的不同宇宙间自由穿行。这一文明拥有无穷的能量。他们能够永远活着并且可以变形成任何生物或幽灵。

秘密社团的小伙伴们听得目瞪口呆，想象力也随着查尔斯的指引飘向了宇宙深处。

寻找外星人，你也能帮忙

在整个银河系中，有超过一千亿颗像太阳一样的恒星。在整个宇宙中，又有超过十亿个像银河系一样的星系。在已知的宇宙里，还未曾发现任何一个星球像地球一样拥有生命，但是人类从未放弃寻找。

寻找外星人是一个相当严肃的科学研究项目。通过射电望远镜，科学家们可以搜寻到技术更先进的外星人发出的信号。然而这项工作非常繁重，科学家收集了大量的数据，但是没有足够的能力来分析他们接收到的电波中是否真的有来自智慧生命的信号。因此，科学家想了很多办法，让普通人也可以帮助他们来寻找外星人。

1974 年 1 月，波多黎各 SETI（搜寻地外文明）研究所的研究人员向距离地球 25000 光年的"梅西耶 13 号"星团发送了一条电报。他们用二进制代码编写了这条电报，并通过调制，将信息加载在无线电波上发送。

涂上颜色区别不同信息的电报内容

利用你的大脑和电脑

　　科学家制作了 SETI@home 屏幕保护程序，大家只要在个人电脑上安装这个程序，在个人电脑空闲的时间，程序就可以利用个人电脑多余的处理器资源，自动分析来自射电望远镜的数据，然后将结果汇报给搜寻地外文明总部。

　　另外一款程序也能够让普通人参与进来，适合那些喜欢动手的人。科学家制作了一款叫 setiQuest Explorer 的软件，它不仅可以在电脑浏览器上运行，也可以安装在安卓手机上。

　　倘若你安装了这个软件，你就会发现它的界面上有很多"雪花"，就像收不到信号的电视机。其实这些"雪花"都是从遥远星球发过来的无线电波数据。人们可以观察这些"雪花"有没有形成图案，如果有的话，就选择显示器上最接近这个图案的按钮。

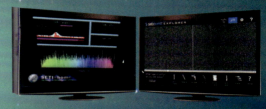

左：SETI@home 屏幕保护程序的截图
右：setiQuest Explorer 应用程序的截图

　　setiQuest Explorer 应用程序与 SETI@home 屏幕保护程序相互补充：SETI@home 利用个人电脑来监测直线或点状的图案，而 setiQuest Explorer 则利用人脑来寻找更复杂或更多变的图案。配合使用它们的目的就是"穷尽一切可能，不漏掉一个外星人信号"。

SETI 研究所用来搜索外星智慧生命的艾伦天线阵

行星猎手

"行星猎手"网站截图

如何加入
SETI 大家庭

■ 第一步：注册
　　首先进入 SETI@home 官方网站 http://setiathome.ssl.berkeley.edu/，按网站要求填写信息，完成注册。

■ 第二步：安装程序
　　登录 http://boinc.berkeley.edu/download.php，下载BOINC软件，下载好 BOINC 后，打开安装程序，按照常规的步骤安装就可以了。

　　除了分析信号，还有更好玩的方法可以让普通人参与到搜寻外星人项目中，科学家建造了"行星猎手"网站，在这个网站上，人们可以浏览恒星的光变曲线，找出那些变化比较大的区域，参与的人越多，就越有可能发现太阳系外的行星，从而给科学家们提供更多的帮助。

制作伽利略望远镜

望远镜有两个最基本的原件：一个是专门收集远处物体的光的装备，叫作"物镜"；还有一个负责把这些光（也就是物体的像）聚焦、放大并送入你眼睛的装备，叫作"目镜"。结构最简单的伽利略式望远镜用一个凸透镜做物镜，一个凹透镜做目镜。

图1

还在等什么？开始吧

如果要在家里制作一架伽利略望远镜，你需要以下常用材料（见图1）：

（1）凸透镜和凹透镜各一枚，其中凸透镜的直径比凹透镜的大一些。

（2）直尺或卷尺等测量工具。

（3）白纸若干张。

（4）双面胶。

（5）剪刀、裁纸刀。

（6）海绵胶带，用于固定透镜。

1

确定目镜筒和主镜筒的长度，这要看你所挑选的透镜焦距而定。主镜筒和目镜筒的长度要大于它们的焦距之和，然后画出图纸。这里挑选了直径为5厘米的凸透镜和直径为3厘米的凹透镜，其中凸透镜为物镜，凹透镜为目镜，目镜筒设计为伸缩型。

2

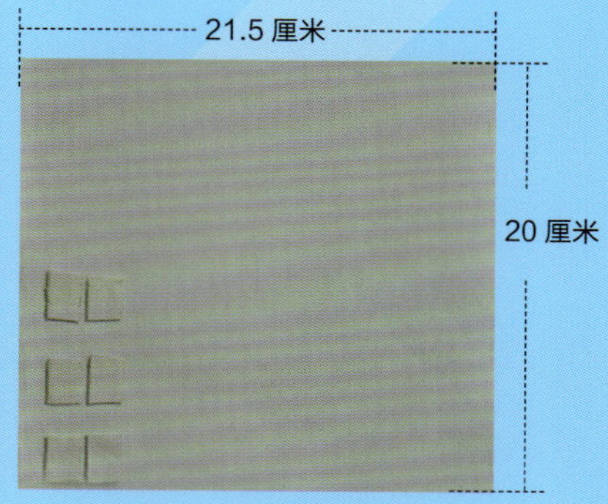

准备4张左右的A4纸，以A4纸的短边为宽，在长边裁出物镜筒所需长度（21.5厘米），然后在距离短边边缘1厘米处（为了给镜筒留出镜框）贴三对海绵胶带（见图2），目的是为了固定镜片。每对海绵胶带之间的距离，大约等于镜片的厚度。

21.5厘米

20厘米

图2

3

再准备 4 张左右的 A4 纸，在 A4 纸的长边裁出物镜筒所需长度（此处为 14.5 厘米）。因为目镜镜片的直径较小，所以在短边边缘处贴两对海绵胶带（见图 3），将目镜放置在海绵胶带的间隙，然后将纸张卷成筒（见图 4），用胶带粘住，目镜筒完成（见图 5）。

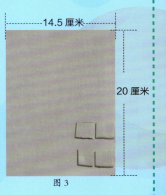

14.5 厘米

20 厘米

图 3

图 4

图 5

4

接下来的工作是为目镜筒制作卷轴（见图 7），目的是让目镜筒能够支撑在物镜筒中间并且能够自由来回滑动（见图 6 示意图）。准备宽度为 3 厘米的长纸条，绕着距离目镜筒口 2 厘米处卷，纸条要用双面胶贴牢在目镜筒上，在卷的过程中，每卷一圈都要使用双面胶。一直卷到厚度约为 0.8 厘米为止。然后用同样的 3 厘米纸条在目镜筒的另一头距离筒口 1 厘米处卷出第二个纸卷。

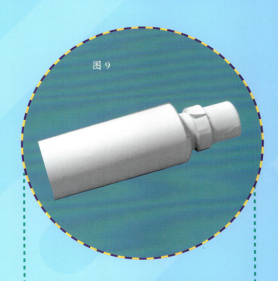

图 9

最后，为了将目镜筒和物镜筒组合在一起，先用双面胶贴在物镜筒的纸的长边边缘，然后对准目镜筒的宽纸卷（见图 8），同时配合凸透镜一起卷起来，卷紧一些，最后用胶带封住。就这样，整个望远镜一气呵成（见图 9）！

5

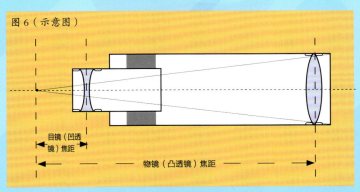

图 6（示意图）

目镜（凹透镜）焦距

物镜（凸透镜）焦距

图 7

图 8

小知识：
望远镜的倍率等于物镜的焦距除以目镜的焦距。

注意：不能用望远镜直接观察太阳，那会让你的眼睛受到严重损害。

图书在版编目（CIP）数据

你好！外星人 / 小多（北京）文化传媒有限公司编
著 . — 郑州 : 海燕出版社 , 2018.10
　（窥见未来丛书）
　ISBN 978-7-5350-7684-7

　Ⅰ . ①你… Ⅱ . ①小… Ⅲ . ①外星人—少儿读物
Ⅳ . ① Q693-49

　中国版本图书馆 CIP 数据核字（2018）第 158776 号

策　　划：李道魁　　　责任编辑：李　强
出版统筹：谭柳杨　　　美术编辑：李　玉
封面设计：毛立思　　　责任校对：赵会婷　袁红艳

出版发行：海燕出版社
　　　（郑州市北林路 16 号　邮政编码 450008）
发行热线：400 659 7013
经　　销：全国新华书店
印　　刷：中华商务联合印刷（广东）有限公司
开　　本：16 开（899 毫米 ×1194 毫米）
印　　张：3.25
字　　数：70 千
版　　次：2018 年 10 月第 1 版
印　　次：2018 年 10 月第 1 次印刷
定　　价：58.00 元